Puja Acharya

Capacetes inteligentes: Uma nova era de segurança rodoviária

Puja Acharya

Capacetes inteligentes: Uma nova era de segurança rodoviária

ScienciaScripts

Imprint
Any brand names and product names mentioned in this book are subject to trademark, brand or patent protection and are trademarks or registered trademarks of their respective holders. The use of brand names, product names, common names, trade names, product descriptions etc. even without a particular marking in this work is in no way to be construed to mean that such names may be regarded as unrestricted in respect of trademark and brand protection legislation and could thus be used by anyone.

Cover image: www.ingimage.com

This book is a translation from the original published under ISBN 978-620-7-80564-8.

Publisher:
Sciencia Scripts
is a trademark of
Dodo Books Indian Ocean Ltd. and OmniScriptum S.R.L publishing group

120 High Road, East Finchley, London, N2 9ED, United Kingdom
Str. Armeneasca 28/1, office 1, Chisinau MD-2012, Republic of Moldova, Europe
Printed at: see last page
ISBN: 978-620-7-98396-4

Índice

Resumo

Num mundo em que a segurança e a conetividade são fundamentais, os capacetes inteligentes surgem como uma solução inovadora para responder às necessidades de diversas indústrias e actividades. "Smart Helmet: Design, Implementação e Aplicações com Arduino e Sensores" explora as inovações tecnológicas, os princípios de design e as aplicações do mundo real que impulsionam a evolução dos capacetes inteligentes.

Este livro abrangente analisa os aspectos multifacetados dos capacetes inteligentes, desde as suas funções de proteção fundamentais até à integração de tecnologias de ponta. Os capítulos abordam temas como:

"Capacete inteligente: Design, Implementation, and Applications with Arduino and Sensors" apresenta um guia completo para a conceção, construção e utilização de capacetes inteligentes alimentados por microcontroladores Arduino e tecnologia de sensores. Este livro explora a intersecção entre tecnologia vestível, sistemas incorporados e inovação em segurança, oferecendo conhecimentos teóricos e práticos para entusiastas, amadores e profissionais.

O livro começa com uma introdução ao conceito de capacetes inteligentes, descrevendo a importância da integração de sensores, microcontroladores e módulos de comunicação para melhorar a segurança e o desempenho. Em seguida, aprofunda os fundamentos da programação Arduino, fornecendo instruções passo a passo para iniciantes e utilizadores avançados desenvolverem firmware personalizado para os seus projectos de capacetes inteligentes.

<h1 style="text-align:center">CAPÍTULO 1
INTRODUÇÃO</h1>

1.1 TEORIA

Na era atual, especialmente na geração jovem, a mania das motos é realmente notável. As famílias da classe média preferem comprar motociclos em vez de veículos de 4 rodas, devido aos seus preços baixos, às diversas variedades disponíveis no mercado, à concorrência desleal entre as empresas de 2 rodas e à sua durabilidade. Como o número de motociclistas no nosso país está a aumentar, os acidentes rodoviários também estão a aumentar de dia para dia, devido aos quais ocorrem muitas mortes, a maioria das quais são causadas por negligência, por não usarem o s capacetes. Muitas mortes também ocorrem devido à falta de cuidados médicos imediatos necessários para os feridos.

Um capacete inteligente é um arnês tecnologicamente avançado concebido para aumentar a segurança, a comunicação e a funcionalidade em várias actividades, em especial as que envolvem ambientes de alto risco, como estaleiros de construção, ambientes industriais, ciclismo, motociclismo e desportos radicais. Combinando caraterísticas de proteção tradicionais com tecnologias inovadoras, os capacetes inteligentes oferecem uma gama de caraterísticas que podem potencialmente revolucionar a segurança e o desempenho em diversos campos. Eis uma descrição pormenorizada dos componentes e funcionalidades que normalmente se encontram num capacete inteligente:

— **Concha protetora**: Tal como os capacetes convencionais, os capacetes inteligentes possuem um invólucro exterior robusto feito de materiais como policarbonato, compósito de fibra de vidro ou fibra de carbono. Este invólucro constitui a principal barreira contra o impacto, protegendo a cabeça do utilizador de lesões em caso de acidentes ou quedas.

— **Camada de absorção de impacto**: Sob o invólucro exterior, os capacetes inteligentes incorporam camadas de materiais absorventes de impacto, tais como espuma de poliestireno expandido (EPS) ou substâncias similares. Estas camadas s ã o concebidas para dissipar e absorver a força d o s impactos, reduzindo o risco de ferimentos na cabeça.

— **Sensores integrados**: Os capacetes inteligentes estão equipados com vários sensores que monitorizam as condições ambientais, o comportamento do utilizador e os potenciais perigos em tempo real. Estes sensores podem incluir acelerómetros, giroscópios, GPS, sensores de temperatura, entre outros. Fornecem dados valiosos ao computador de bordo do capacete, permitindo-lhe avaliar os riscos e fornecer alertas ou assistência atempada ao utilizador.

–   **Sistemas de comunicação**: Muitos capacetes inteligentes incluem sistemas de comunicação incorporados que permitem a comunicação mãos-livres entre os utilizadores e os seus colegas ou equipas de apoio. Estes sistemas podem incluir conetividade Bluetooth, altifalantes e microfones, permitindo que os utilizadores façam chamadas, ouçam música ou comuniquem com os colegas de equipa sem retirar o capacete.

–   **Ecrã frontal (HUD)**: Alguns capacetes inteligentes avançados incorporam a tecnologia HUD, que projecta informações relevantes diretamente no campo de visão do utilizador. Estas informações podem incluir velocidade, instruções de navegação, dados de sensores e notificações, melhorando a consciência situacional sem que o utilizador tenha de desviar o olhar do que o rodeia.

–   **Luzes LED e melhorias de visibilidade**: Para melhorar a visibilidade e a segurança, os capacetes inteligentes vêm frequentemente equipados com luzes LED ou outras caraterísticas que aumentam a visibilidade. Estas luzes podem funcionar como indicadores de mudança de direção, luzes de travagem ou simplesmente como indicadores de alta visibilidade para tornar o utilizador mais visível, especialmente em condições de pouca luz ou de tráfego intenso.

–   **Controlo por gestos ou voz**: Para permitir um funcionamento sem mãos, alguns capacetes inteligentes incorporam capacidades de controlo por gestos ou voz. Isto permite que os utilizadores acedam a várias caraterísticas e funcionalidades sem necessidade de operar manualmente botões ou ecrãs tácteis, aumentando a comodidade e a segurança, especialmente em situações em que as mãos podem estar ocupadas ou as luvas podem impedir uma introdução tátil precisa.

–   **Monitorização da saúde**: Alguns capacetes inteligentes incluem sensores biométricos que monitorizam os sinais vitais do utilizador, como o ritmo cardíaco, a temperatura e a saturação de oxigénio. Estes dados podem ser utilizados para avaliar o estado de saúde do utilizador em tempo real, fornecendo avisos precoces de potenciais problemas médicos ou riscos relacionados com a fadiga.

–   **Sistemas de alerta de emergência**: Em caso de acidente ou emergência, os capacetes inteligentes podem detetar automaticamente condições anormais, como impactos súbitos ou inatividade prolongada. Ao detetar tais eventos, o capacete pode acionar um alerta de emergência, notificando contactos predefinidos ou serviços de emergência e fornecendo coordenadas GPS para facilitar uma assistência rápida.

- **Personalização e integração de aplicações**: Muitos capacetes inteligentes oferecem opções de personalização e aplicações móveis complementares que permitem aos utilizadores personalizar as definições, acompanhar as métricas de desempenho e aceder a funcionalidades adicionais. Estas aplicações também podem facilitar as actualizações de firmware, a resolução de problemas e a interação da comunidade entre os utilizadores.

Isto leva-nos a pensar em criar um sistema que garanta a segurança dos motociclistas, obrigando-os a usar capacete, de acordo com as diretrizes governamentais, e a obter cuidados médicos adequados e imediatos, após um acidente. O projeto visa a segurança e a proteção dos motociclistas contra os acidentes rodoviários. O circuito foi concebido de forma a que a bicicleta não arranque sem o uso de capacete, tendo sido introduzido um sistema de segurança para o motociclista com a utilização perfeita do capacete antes da condução. Neste sistema não são utilizados conceitos avançados de programação JAVA (JavaScript, j2me) e circuitos baseados no microcontrolador 8051. É baseado no trabalho de ligação RF e operação simples. Utilizando o transmissor e o recetor de RF, o motociclo pode ser deslocado se receber um sinal do capacete. O objetivo principal é conceber um circuito que possa melhorar a segurança dos motociclistas.

1.2 DEFINIÇÃO DO PROBLEMA

Conceber um capacete inteligente que previna o motociclista de quaisquer acidentes graves. Isto é

A conceção de um capacete deve ter em conta os seguintes aspectos: -

1. Beber e conduzir

2. Bloqueio do capacete

1.3 VISÃO GERAL DO PROJECTO

As razões para os acidentes podem ser muitas, como a falta de conhecimentos adequados de condução, motas danificadas, condução imprudente, beber e conduzir, etc. Mas a principal razão foi a ausência de capacete na cabeça da pessoa, resultando numa morte imediata devido a danos cerebrais. O objetivo p r i n c i p a l do nosso trabalho é forçar o motociclista a usar o capacete durante todo o passeio. Assim, este sentido de responsabilidade moral para com a sociedade, lançou as bases do nosso projeto "Capacete Inteligente".

A ideia de desenvolver este projeto surge da responsabilidade social para com a sociedade. Como podemos ver, muitos acidentes ocorrem à nossa volta, provocando a perda de vidas. De acordo com um inquérito, cerca de 750 pessoas morrem por ano em acidentes rodoviários provocados por colisões de bicicletas.

1.4 ESPECIFICAÇÃO DO HARDWARE

A configuração do hardware inclui as secções do transmissor e do recetor. A secção do transmissor tem –   Módulo RF

–   Codificador Descodificador

–   Elemento sensor de álcool – Unidade de deteção de capacete

–   Elemento sensor do limite de velocidade – Circuito de deteção de acidentes – Unidade de deteção de nevoeiro

Na figura 1.1, o amplificador operacional IC LM339, as resistências variáveis, o condensador, o díodo, a antena e um módulo transmissor RF que contém o microcontrolador, o codificador HT12 E, os interruptores e os fios. A secção do recetor tem um módulo recetor RF que contém uma antena, um descodificador HT12D, um microcontrolador AT89S52, um motor, um motor CC, um regulador de tensão 7805, um circuito de alimentação, etc.

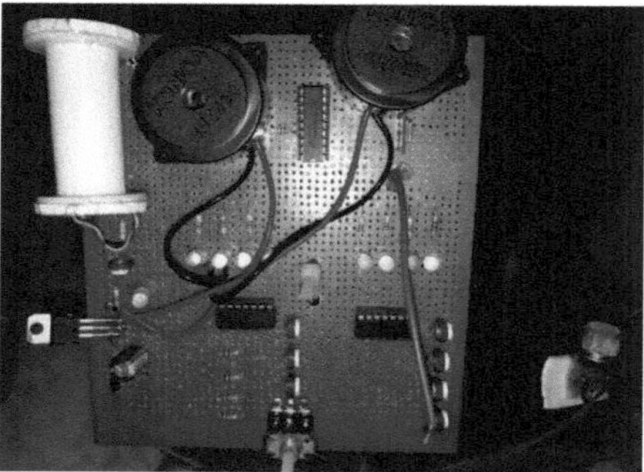

Figura 1.1: Vista prática do capacete PC

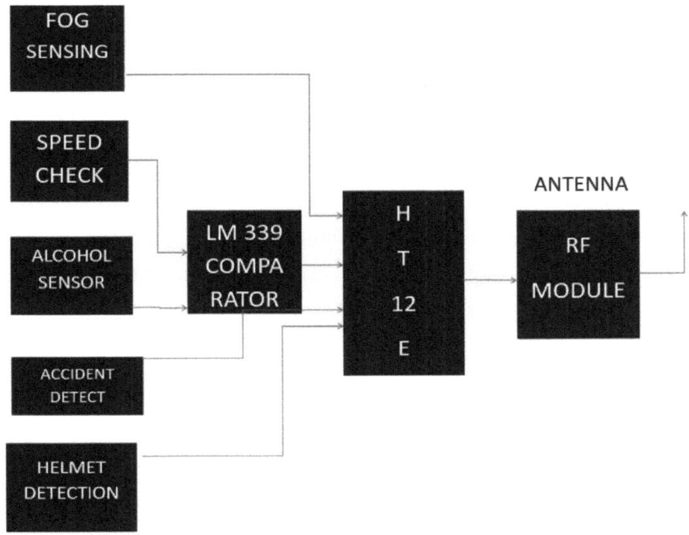

Figura 1.2: Diagrama de blocos representando os circuitos do capacete

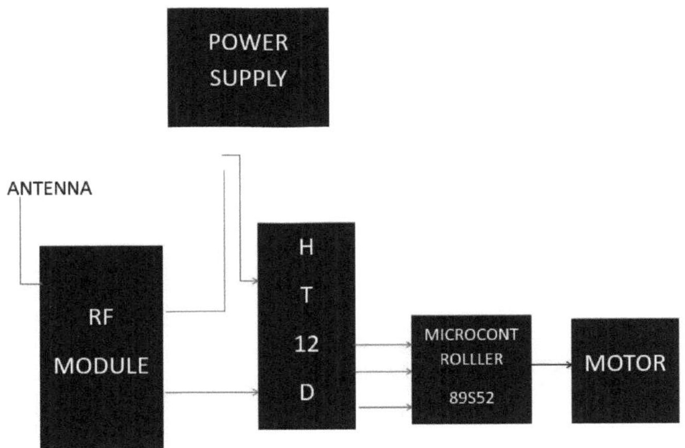

Figura 1.3: Diagrama de blocos do circuito da bicicleta

1.4.1 MÓDULO RF

Este sistema de transmissão de radiofrequência (RF) emprega Amplitude Shift Keying (ASK) com par transmissor/recetor (Tx/Rx) operando a 434 MHz. O módulo transmissor recebe a entrada em série e transmite estes sinais através de RF. Os sinais transmitidos são recebidos pelo módulo recetor colocado longe da fonte de transmissão. O sistema permite uma comunicação unidirecional entre dois nós, nomeadamente, transmissão e receção. O módulo RF foi utilizado em conjunto com um conjunto de CIs codificadores/descodificadores de quatro canais. Neste caso, o HT12E e o HT12D foram utilizados como codificador e descodificador, respetivamente.

1.4.2 TRANSMISSOR DE RF

O CI codificador (HT12E) recebe dados paralelos sob a forma de bits de endereço e bits de controlo. Os sinais de controlo dos interruptores remotos, juntamente com 8 bits de endereço, constituem um conjunto de 12 sinais paralelos. O codificador HT12E codifica estes sinais paralelos em bits de série. A transmissão é activada através da ligação à terra do pino 14, que é ativamente baixo. Os sinais de controlo são fornecidos nos pinos 10-13 do HT12E. Os dados em série são enviados para o transmissor RF através do pino 17 do HT12E.

Figura 1.4: Vista geral da secção do transmissor

1.4.3 RECEPTOR DE RF

Em termos simples, o HT12D converte a entrada em série em saídas paralelas. Descodifica os endereços e dados em série recebidos, por exemplo, por um recetor RF, em dados paralelos e envia-os para os pinos de dados de saída. Os dados de entrada em série são comparados com os endereços locais três vezes continuamente. O código dos dados de entrada é descodificado quando não são encontrados erros ou códigos não correspondentes. As transmissões válidas são indicadas por um sinal alto no pino VT e, em seguida, o relé é ativado. É utilizada uma cadeia de bits de endereço e de dados para evitar falsos disparos.

O módulo recetor RF é um recetor de frequência de bloqueio de cristal que mantém uma frequência constante, ou seja, 434 MHz, devido a este problema de variação na frequência a ser detectada pelo recetor pode ser negociada.

Figura 1.5: Vista prática do recetor de RF

1.4.4 DETECÇÃO DE ÁLCOOL

O elemento de deteção de álcool aqui utilizado é um sensor do tipo MQ-6, como se mostra na fig. 4. Pinos H-H - podem ser ligados em ambos os lados do aquecedor com qualquer polaridade. Os pinos A e B podem ser utilizados para fornecer 5 V CC ou para obter a tensão de saída. Se os pinos A forem utilizados (por curto-circuito), os pinos B (por curto-circuito) actuam como saída ou vice-versa. A saída do elemento de deteção de álcool é ligada a um divisor de tensão utilizando uma variável de 0-100K. A saída do sensor é de natureza analógica, pelo que é necessário convertê-la num equivalente digital. Aqui, o amplificador operacional é utilizado como comparador.

Um dos terminais está ligado à saída resistiva do sensor de gás, enquanto o outro terminal para uma rede resistiva variável de 1K para definir um limiar de teor de álcool. Sempre que a saída do sensor de gás é comparada com o valor limiar, a saída do comparador é enviada para a MCU e é gerado um sinal de controlo correspondente. O elemento de deteção de GPL/álcool utilizado é capaz de detetar quantidades ínfimas de GPL nas suas imediações. Tem uma sensibilidade muito elevada e uma resposta rápida. A saída analógica resistiva do sensor depende da concentração de álcool. O valor da resistência do MQ-6 varia nitidamente de acordo com diferentes valores e várias concentrações de gases.

Figura 1.6: MQ6 para deteção de álcool

O circuito utiliza um sensor de gás (MQ-6)] que pode detetar a presença de GPL, propano, metano e outros materiais combustíveis. O sensor é constituído por SnO2, que tem uma condutividade mais baixa em ar limpo. Quando a concentração de GPL, propano ou butano aumenta no ar próximo do sensor, a sua condutividade aumenta, pelo que pode ser colocado logo abaixo da face. A superfície do sensor é sensível a várias concentrações de álcool. Detecta o álcool do hálito do condutor. O valor da resistência diminui, o que leva a uma alteração da tensão. Esta tensão alterada é enviada para um comparador que compara a tensão alterada com uma tensão predefinida que corresponde a uma concentração de álcool inferior ao nível de consumo ilegal. Se a tensão do sensor exceder o valor

A saída do comparador de tensão predefinida fica alta e o microcontrolador actua em conformidade. Geralmente, o consumo ilegal de álcool durante a condução é de 0,04 mg/L, de acordo com a lei governamental. O limite legal do teor de álcool no sangue (TAS) é de

0,03% ou 30 µl de álcool em 100 ml de sangue. Para confirmar o uso correto do capacete, são utilizados dois fios que, quando curto-circuitados, produzem um 0 lógico que é enviado para o microcontrolador, provocando assim o arranque do motor. Assim, o uso do capacete é confirmado pelo sistema e, do mesmo modo, o sensor de álcool instalado no bocal do capacete detecta o álcool no hálito e envia a quantidade de álcool para o controlador. Se ambos os critérios forem satisfeitos de forma adequada, os dois sinais de controlo são enviados da unidade do capacete para a unidade de comando do veículo. O sinal RF descodificado é distribuído ao controlador na unidade-veículo para arrancar/parar o veículo.

1.4.5 UNIDADE DE DETECÇÃO DO CAPACETE

O capacete inteligente descrito neste documento baseia-se numa única ideia, ou seja, tornar obrigatório o seu uso enquanto se conduz uma mota, com a ajuda de alguma tecnologia. Na prática, este capacete funciona como uma segunda chave para o veículo e, por sua vez, aumenta a segurança. Além disso, uma vez que o motociclista não pode arrancar nem fazer funcionar o veículo sem usar o capacete, garante-se que o motociclista tem de usar o capacete em todos os momentos enquanto conduz o veículo. Ao mesmo tempo, como cada capacete é único para o recetor a bordo do veículo, não haverá qualquer interferência da utilização de unidades semelhantes, mesmo a curta distância.

Trata-se de um circuito muito simples: o íman colocado no clipe entra em contacto com o circuito colocado no clipe e o circuito completa-se, a tensão é enviada e o motor liga-se

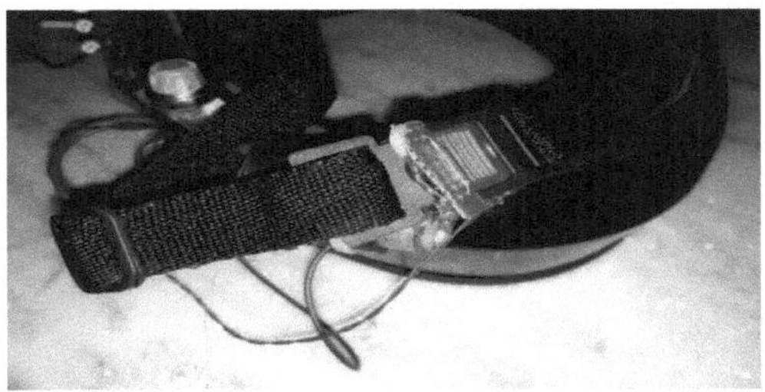

Figura 1.7: Detetor de ímanes para deteção de precintas

1.4.6 DETECÇÃO DE ACIDENTES

O ADXL345 possui dois pinos de interrupção programáveis - INT1 e INT2 - com um total de oito funções de interrupção disponíveis. Cada interrupção pode ser activada ou desactivada de forma independente, com a opção de mapear para o pino INT1 ou INT2. Todas as funções podem ser usadas simultaneamente - a única caraterística limitadora é que algumas funções podem precisar de partilhar pinos de interrupção. As oito funções são: DATA_READY, SINGLE_TAP, DOUBLE_TAP, ACTIVITY, INACTIVITY, FREE_FALL, WATERMARK e OVERRUN. As interrupções são activadas através da definição do bit apropriado no registo INT_ENABLE e são mapeadas para os pinos INT1 ou INT2, com base no conteúdo do registo INT_MAP. As funções de interrupção são definidas da seguinte forma:

1. DATA_READY é definido quando há novos dados disponíveis - e apagado quando não há novos dados disponíveis.

2. SINGLE_TAP é definido quando um único evento de aceleração que é maior do que o valor n o registo THRESH_TAP ocorre durante um período de tempo mais curto do que o especificado no registo DUR.

3. DOUBLE_TAP é definido quando ocorrem dois eventos de aceleração superiores ao valor n o registo THRESH_TAP e inferiores ao tempo especificado no registo DUR, com a segunda batida a começar após o tempo especificado pelo registo LATENT e dentro do tempo especificado no registo WINDOW.

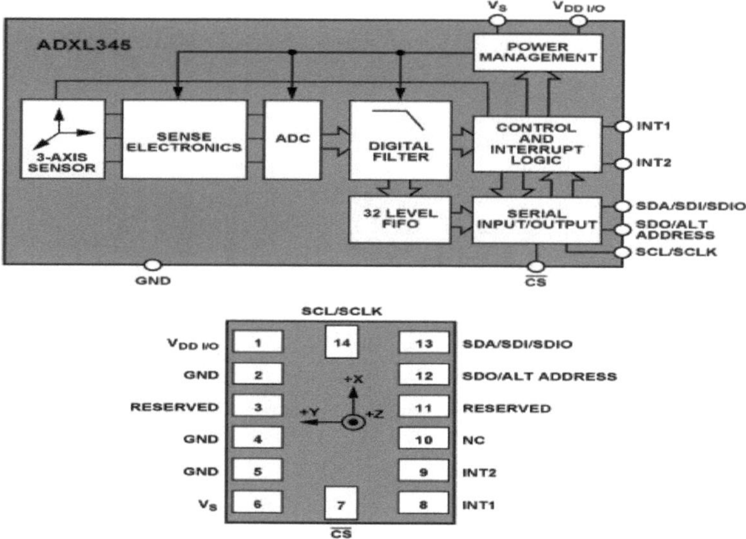

Figura 1.8: Diagrama de blocos do sistema ADXL345 e designações dos pinos

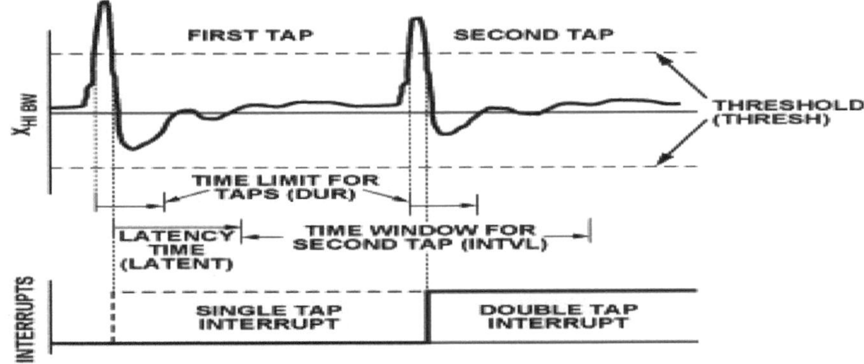

Figura 1.9: Interrupções SINGLE_TAP e DOUBLE_TAP.

4. ACTIVITY é definido quando é experimentada uma aceleração superior ao valor armazenado no registo THRESH_ACT.

5. INACTIVIDADE é definida quando a aceleração é inferior ao valor armazenado no parâmetro THRESH_INACT

é experimentado durante mais tempo do que o tempo especificado no registo TIME_INACT. O valor máximo para TIME_INACT é 255 s.

Nota: Com as interrupções ACTIVITY e INACTIVITY, o utilizador pode ativar ou desativar cada eixo

individualmente. Por exemplo, a interrupção ACTIVITY para o eixo X pode ser activada enquanto se desactivam as interrupções para o eixo Y e o eixo Z.

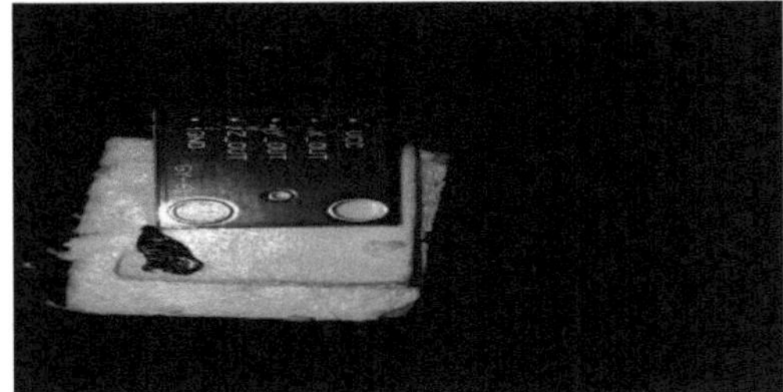

Figura 1.10: Vista superior do ADLX345

1.4.7 UNIDADE DE DETECÇÃO DE VELOCIDADE

O capacete assegura o controlo do limite de velocidade, garantindo que o condutor não ultrapassa o limite de velocidade.

O capacete é um dispositivo de controlo da velocidade perigosa, uma vez que um sinal sonoro começa a soar sempre que isso acontece. Basicamente, está a ser instalada uma turbina na boca do capacete, de forma a rodar com a aplicação do vento. Neste caso, se a velocidade for demasiado elevada, ou seja, se a velocidade da turbina for suficientemente rápida para gerar uma tensão superior ao limiar de tensão predefinido, soará um alarme alto que alertará o condutor.

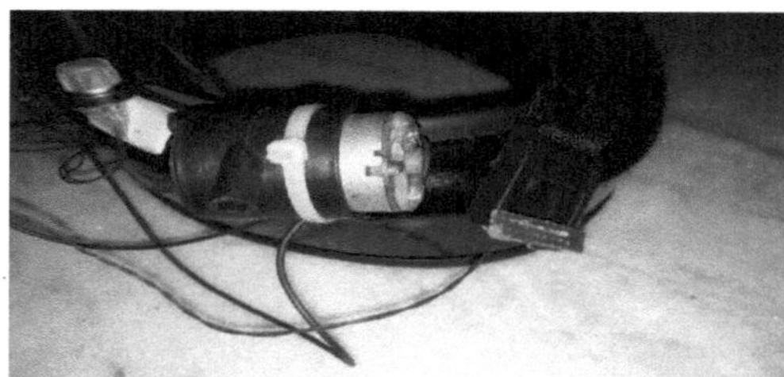

Figura 1.11: Circuito de deteção de ar

1.4.8 COMPARADORES

Os comparadores permitem que todas as funções funcionem corretamente. Os comparadores têm 4 entradas e 4 saídas.

O princípio básico de funcionamento baseia-se na comparação das tensões fornecidas aos seus pinos de entrada positivo e negativo, comparando-as e produzindo depois a saída. O pino de entrada positivo do comparador é ajustado a um determinado limite utilizando um transístor e uma fonte de alimentação. A saída do sensor é alimentada ao pino de entrada negativo do comparador, que fornece então a tensão de saída adequada.

No nosso projeto, utilizámos 2 comparadores.

Fluxo de dados com o Acelerómetro ADLX345

O ADLX 345 é utilizado para detetar a queda da bicicleta, utilizando para o efeito a posição relativa e a mudança de localização. Tem 2 eixos X e Y. Quando é detectada ou deduzida uma mudança no movimento relativo, o ADLX 345 envia um sinal ao comparador 1 para transferir a informação de que a bicicleta está a cair. Para este efeito, o comparador está ligado a 4 transístores variáveis. Cada transístor tem um valor predefinido no seu pino de entrada não inversor. A queda da bicicleta é detectada pelo ADLX345 durante a paragem ou o movimento e é enviado um sinal para o transístor. O transístor aceita o valor e envia-o p a r a o comparador. 4 Esta informação é introduzida nas 4 entradas de um comparador que, em seguida, compara os valores com os seus valores predefinidos, induzindo que o nível de limiar é atingido e reencaminha esta informação para o codificador, que a envia para o microcontrolador através do módulo de RF para acções posteriores.

Fluxo de dados com o sensor MQ6

O sensor MQ6 é utilizado para a deteção de álcool. Depois de detetar a presença de álcool na boca do utilizador, o MQ6 envia um sinal ao comparador 2 para que este tome as medidas adequadas. Para o efeito, o comparador é ligado a um transístor variável, que fornece um sinal de tensão ao comparador, o qual verifica o nível com os valores predefinidos e envia um sinal se o limite for ultrapassado.

Fluxo de dados com o sensor LDR e Fogg e outros sensores

O sensor de nevoeiro é utilizado para a deteção de nevoeiro, comunicando a presença de nevoeiro através d o comparador 2. Todos os outros sensores e s t ã o também ligados ao comparador 2. Para este efeito, o comparador está ligado a um transístor variável. O transístor fornece um sinal de tensão ao comparador que verifica o nível com os valores predefinidos e envia um sinal se o limite for ultrapassado.

Como um comparador tem 4 pinos de entrada, 4 sensores são ligados ao mesmo comparador reduzindo
complexidade do circuito e facilitar a sua implementação.

1.4.9 SENSORES

É composto por cinco elementos: sensor de nevoeiro, sensor de velocidade, sensor de bloqueio por álcool, deteção de capacete, acidente
deteção.

1. Sensor de nevoeiro: A maioria dos acidentes de colisão em série ocorre quando a visibilidade é baixa devido ao nevoeiro. O risco destes acidentes pode ser consideravelmente reduzido com um sistema que contenha sensores de visibilidade. Até à data, este tipo de sistema tem sido muito dispendioso devido ao elevado custo dos sensores de visibilidade. Por isso, utilizámos o LDR ou o registo dependente da luz no nosso capacete inteligente, que detecta continuamente a luz proveniente do LED, devido ao nevoeiro, se a luz do LED não conseguir chegar ao LDR, o sensor de nevoeiro é ligado ao comparador LM 339, que compara a tensão gerada com a tensão pré-fixada, se a tensão ultrapassar o valor limite pré-fixado, o LED acende-se, a luz acende-se e o sinal sonoro acende-se, o que ajuda a evitar acidentes por falta de visão.

2. Controlo da velocidade: A maioria dos acidentes ocorre devido ao excesso de velocidade e à condução imprudente.

Para reduzir o risco de acidente devido a excesso de velocidade, utilizamos um detetor de velocidade nos nossos capacetes. Este é colocado na parte da frente do capacete. O detetor de velocidade também está ligado ao comparador LM 339. Neste detetor, utilizamos uma pequena turbina que gera tensão sempre que a turbina roda. A tensão gerada a partir da turbina é comparada com a t e n s ã o d e limiar fixa do comparador, sempre que esta tensão excede o limiar de tensão, o s i n a l s o n o r o liga-se.

3. Sensor de álcool: Uma das principais causas de acidentes é a embriaguez e a condução. Em todo o mundo, a maioria dos acidentes ocorre devido à embriaguez e à condução, pelo que adicionamos uma caraterística especial ao nosso capacete inteligente para reduzir o risco de acidente devido à bebida e à condução, ou seja, Alcho/Lock. Este sensor de álcool está também ligado ao comparador LM339. Colocamos o sensor de álcool na frente do capacete ou na abertura. No sensor de álcool, utilizamos o sensor MQ6, que detecta o GPL/álcool e gera a tensão, comparando-a depois com a tensão de limiar fixa, sempre que esta exceder a tensão fixa o transmissor envia o sinal para o recetor e desliga o motor.

4. Deteção de capacete ligado: O circuito em cada capacete é concebido de modo a que o A bicicleta só arranca se o condutor usar o capacete e bloquear o clipe do capacete. O circuito utilizado no clipe do capacete é tal que o circuito só se completa se o clipe estiver bloqueado e só então o motor se liga.

Deteção de acidentes: A deteção de acidentes é a caraterística especial que adicionamos ao nosso capacete inteligente. Devido a esta caraterística, o motor desliga-se automaticamente sempre que a bicicleta cai ou sempre que ocorre algum acidente para evitar lesões graves. O acelerómetro também está ligado ao comparador. Sempre que se inclina ou se desloca do plano fixo, gera a tensão que esta tensão compara com o limiar sempre que esta tensão excede o limiar, o motor desliga-se automaticamente.

1.5 DESCRIÇÃO DOS COMPONENTES

1.5.1 MICROCONTROLADOR

O AT89S52 é um microcontrolador CMOS de 8 bits de baixo consumo e elevado desempenho com 8K bytes de memória Flash programável no sistema. O dispositivo é fabricado utilizando a tecnologia de memória não volátil de alta densidade da Atmel e é compatível com o conjunto de instruções e pin out 80C51 padrão da indústria. O Flash no chip permite que a memória de programa seja reprogramada no sistema ou por um programador de memória não volátil convencional. Ao combinar uma CPU versátil de 8 bits com Flash programável no sistema num chip monolítico, o Atmel AT89S52 é um poderoso microcontrolador que proporciona uma solução altamente flexível e económica para muitas aplicações de controlo incorporadas. O AT89S52 fornece as seguintes caraterísticas padrão: 8K bytes de Flash, 256 bytes de RAM, 32 linhas de E/S, temporizador Watchdog, dois ponteiros de dados, três temporizadores/contadores de 16 bits, uma arquitetura de interrupção de dois níveis com seis vectores, uma porta série full duplex, oscilador no chip e circuito de relógio. Além disso, o AT89S52 foi concebido com lógica estática para funcionamento até à frequência zero e suporta dois modos de poupança de energia selecionáveis por software. O Modo Inativo pára a CPU enquanto permite que a RAM, temporizador/contadores, porta serial e sistema de interrupção continuem funcionando. O modo de desligamento salva o conteúdo da RAM, mas congela o oscilador, desativando todas as outras funções do chip até a próxima interrupção ou redefinição de hardware.

Figura 1.12: Microcontrolador AT89S52

É a unidade de controlo principal. Verifica a saída do elemento detetor de álcool para saber se o álcool está presente ou não. Se o estado do álcool for tradicional, o MCU comunica com o transmissor RF através do circuito codificador RF.

É também responsável p o r verificar se os dois fios utilizados para confirmar o uso do capacete estão ou não em curto-circuito. Neste caso, o microcontrolador preferido é o 8051 da Intel Corporation, o que se deve à sua versatilidade. A série 8051 é o microcontrolador de oito bits mais popular do mundo. Estão disponíveis em numerosas variedades em termos de pin outs, capacidade de memória e têm muitas

periféricos integrados como ADCs, módulos SERIAL.

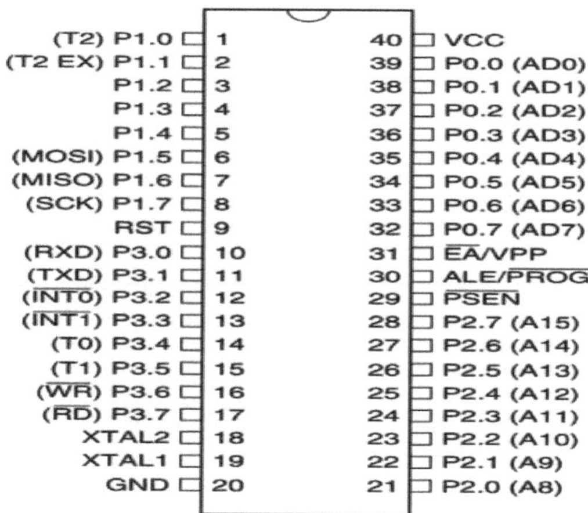

Figura: 1.13: Configuração de pinos

O AT89S52 é um microcontrolador de 8 bits da família Atmel 8051, amplamente utilizado em aplicações

sistemas e aplicações industriais. Possui uma arquitetura Harvard com 8K bytes de memória Flash, 256 bytes de RAM e 32 linhas de E/S. A compreensão da configuração dos pinos é essencial para a interface do microcontrolador com componentes externos e periféricos. Aqui está uma explicação detalhada da configuração dos pinos do AT89S52:

—   V C C (Pino 40): Este pino é ligado à t e n s ã o de alimentação positiva (tipicamente +5V) para alimentar o microcontrolador.

—   GND (Pino 20): Este pino está ligado à terra, fornecendo a tensão de referência para o microcontrolador.

- Porta 0 (P0.0 - P0.7) (Pinos 39 - 32): A porta 0 é uma porta de E/S bidirecional de 8 bits. Pode ser configurada como pinos de entrada ou saída. Durante a reposição, actuam como entradas de alta impedância. Estes pinos podem ser utilizados para vários fins, como a interface com dispositivos externos, a leitura de sensores ou a ativação de LEDs.

–	Porta 1 (P1.0 - P1.7) (Pinos 1 - 8): A porta 1 é outra porta de E/S bidirecional de 8 bits com resistências de pull-up internas. Pode ser usada para operações de E/S de uso geral, semelhante à Porta 0.

–	Porta 2 (P2.0 - P2.7) (Pinos 21 - 28): A porta 2 é também uma porta E/S bidirecional de 8 bits com resistências de pull-up internas. Além disso, P2.0 e P2.1 são multiplexados com a interrupção externa INT0 e INT1, respetivamente.

–	Porta 3 (P3.0 - P3.7) (Pinos 10 - 17): A porta 3 é uma porta de E/S bidirecional de 8 bits com resistências de pull-up internas. Tem várias funções, incluindo o fornecimento de endereço/dados para acesso à memória externa, comunicação em série UART (TXD e RXD) e controlo de interrupções (INT0 e INT1).

–	Reinicialização (RST, pino 9): Este pino é utilizado para reiniciar o microcontrolador. Um impulso baixo neste pino repõe o microcontrolador no seu estado inicial.

–	XTAL1 (Pino 19) e XTAL2 (Pino 18): Estes pinos são ligados a um oscilador de cristal externo ou a um ressonador de cerâmica para fornecer o sinal de relógio para o microcontrolador. O AT89S52 pode funcionar com uma vasta gama de frequências, tipicamente até 24 MHz.

–	Interface de memória de programa: Os pinos PSEN (Program Store Enable, Pino 29) e ALE/PROG (Address Latch Enable/Program Pulse Input, Pino 30) são usados para fazer interface com a memória de programa externa, como ROM ou Flash.

–	Interface de memória de dados: Os pinos EA/VPP (External Access/Programming Enable, Pino 31) e ALE/PROG (Address Latch Enable/Program Pulse Input, Pino 30) são utilizados para fazer a interface com a memória de dados externa ou para programar o microcontrolador.

–	Interface de comunicação em série: Os pinos TXD (Transmit Data, Pino 10) e RXD (Receive Data, Pino 11) são utilizados para a comunicação em série UART, permitindo que o microcontrolador comunique com dispositivos externos ou outros microcontroladores.

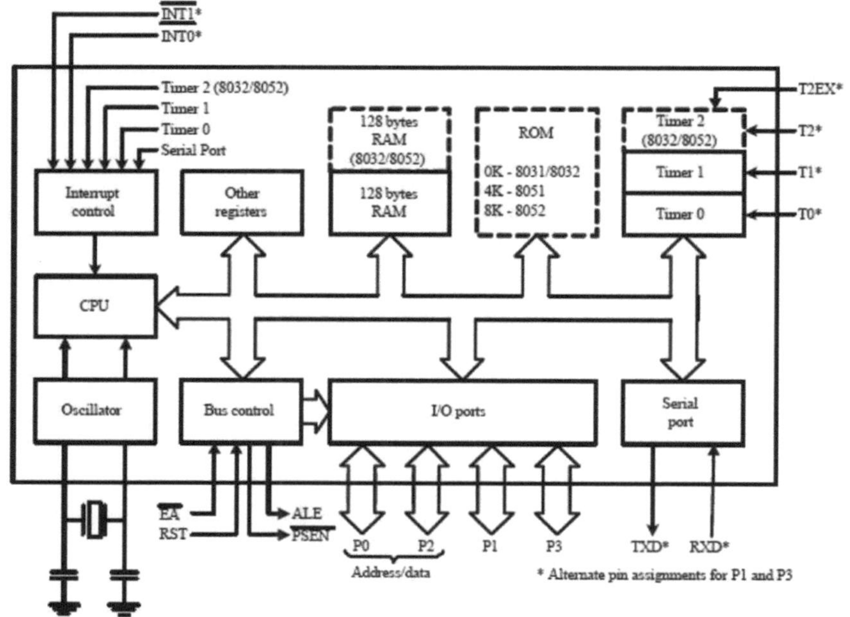

Figura 1.14: Diagrama de blocos do microcontrolador

1.5.2 CODIFICADOR-DESCODIFICADOR

Os ICs codificadores HT 12E são uma série de LSIs CMOS para aplicações de sistemas de controlo remoto. São capazes de codificar 12 bits de informação que consiste em N bits de endereço e 12-N bits de dados. Cada entrada de endereço/dados é externamente programável de forma trinária se for ligada.

Estes CIs estão emparelhados entre si. Para um funcionamento correto, deve ser selecionado um par de codificador/descodificador com o mesmo número de endereços e formato de dados. O descodificador recebe o endereço de série e os dados do seu descodificador correspondente, transmitidos por uma portadora utilizando um meio de transmissão RF e dá saída para os pinos de saída após o processamento dos dados.

20

Figura 1.15: Chips HT12D-HT12E

1.5.3 ENCODER

O HT12E é um codificador de 2 séries mais utilizado em aplicações de controlo remoto. Contém um total de 12 pinos de entrada, dos quais 4 pinos são utilizados para bits de dados/endereço (AD8-AD11) e 8 pinos para bits de endereço (A0-A7) para uma transmissão segura de dados por motivos de segurança. A função única do HT12E é converter as entradas de dados paralelos de 12 bits em saída de dados em série (pino 17) e, em seguida, é modulada e transmitida usando o módulo transmissor RF. O consumo de energia é muito baixo e a corrente em standby é de 0,1µA a 5V. O HT12E tem um pino de habilitação de transmissão

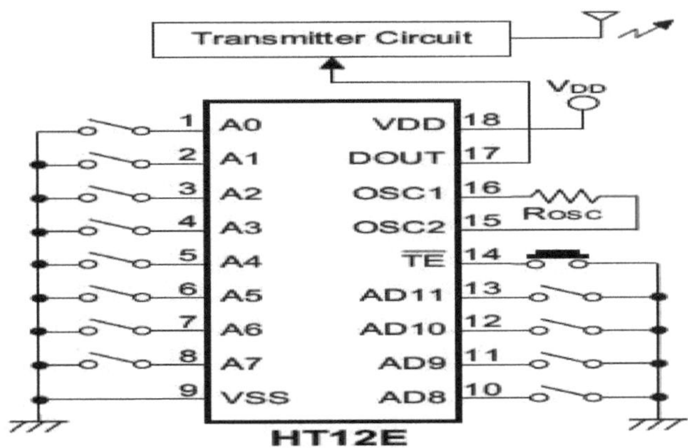

que é ativo em baixo.

Figura 1.16: Configuração dos pinos do codificador

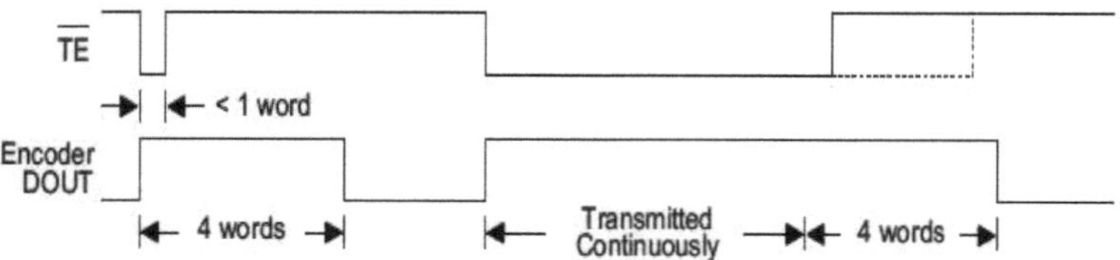

Figura 1.17: Tempo de transmissão para o codificador

Quando um sinal de disparo é recebido pelo TE (pino 14), os endereços/dados são transmitidos em conjunto

através de um módulo transmissor RF. HT12E é um ciclo de transmissão de 4 palavras que

permite. Este ciclo repete-se uma e outra vez até TE se manter baixo. Quando TE volta a ser

alto, o codificador completou o seu último ciclo e pára. (consulte o fluxograma seguinte para

ver claramente a habilitação de transmissão, que é ativa em baixo).

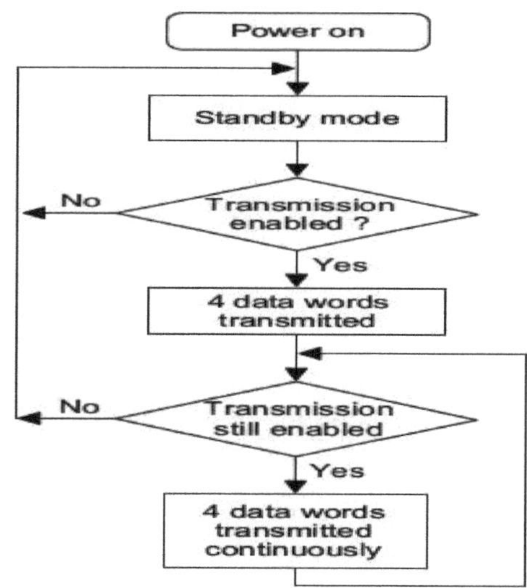

Figura 1.18: Fluxograma do funcionamento do codificador

O positivo e o negativo da fonte de alimentação são alimentados no HT12E através de VDD e VSS, respetivamente.

Para o oscilador interno, é ligada uma resistência externa entre OSC1 e OSC2, formando assim um oscilador RC.

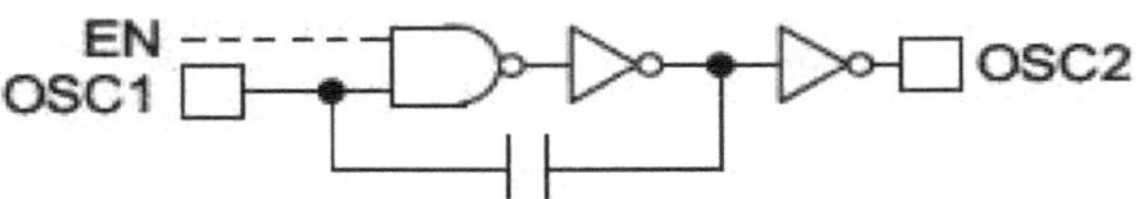

Figura 1.19: Oscilador do codificador

Para a seleção da resistência, consulte o gráfico abaixo entre a frequência de oscilação e a alimentação eléctrica.

1.5.4 DECODER

O HT12D é um IC (Circuito Integrado) descodificador da série 2^{12} para aplicações de controlo remoto fabricado pela Holtek. É normalmente utilizado em aplicações sem fios de radiofrequência (RF). Utilizando o codificador HT12E e o descodificador HT12D emparelhados, podemos transmitir 12 bits de dados paralelos em série. O HT12D converte simplesmente os dados em série à sua entrada (podem ser recebidos através do recetor de RF) em dados paralelos de 12 bits. Estes dados paralelos de 12 bits são divididos em 8 bits de endereço e 4 bits de dados. Usando 8 bits de endereço podemos fornecer um código de segurança de 8 bits para dados de 4 bits e pode ser usado para endereçar múltiplos receptores usando o mesmo transmissor.

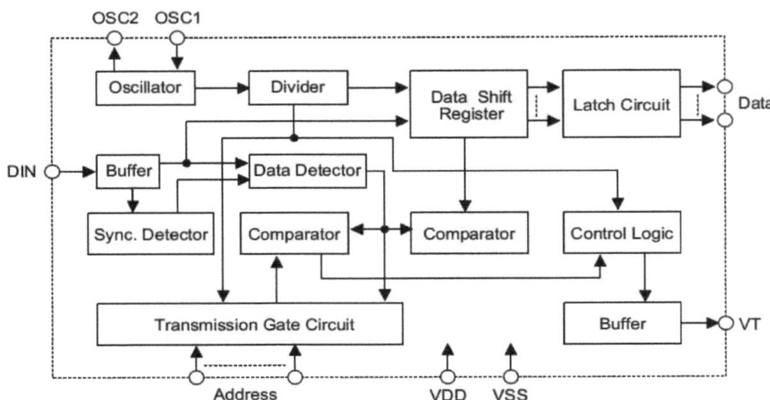

Figura 1.20:HT12D - Diagrama de blocos

O HT12D é um CI CMOS LSI e é capaz de funcionar numa vasta gama de tensões de 2,4V a 12V. O seu consumo de energia é baixo e tem uma elevada imunidade ao ruído. Os dados recebidos são verificados 3 vezes para maior precisão. Tem um oscilador incorporado; basta ligar uma pequena resistência externa. Tal como o HT12E, está disponível em DIP (Dual Inline Package) de 18 pinos e SOP (Small Outline Package) de 20 pinos, como indicado abaixo.

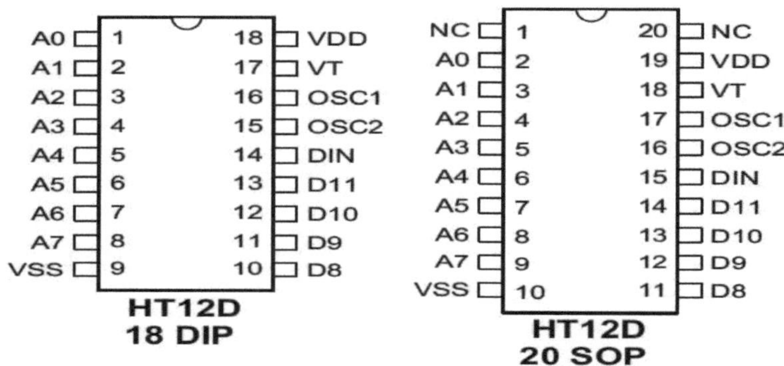

Figura 1.21: Descodificador - Diagrama de pinos

- VDD e VSS são usados para fornecer energia ao CI, Positivo e Negativo da fonte de alimentação, respetivamente. Como já foi referido, a sua tensão de funcionamento pode variar

entre 2,4V e 12V

–   OSC1 e OSC2 são usados para conectar o resistor externo para o oscilador interno do HT12D. OSC1 é o pino de entrada do oscilador e OSC2 é o pino de saída do oscilador, como mostra a figura abaixo.

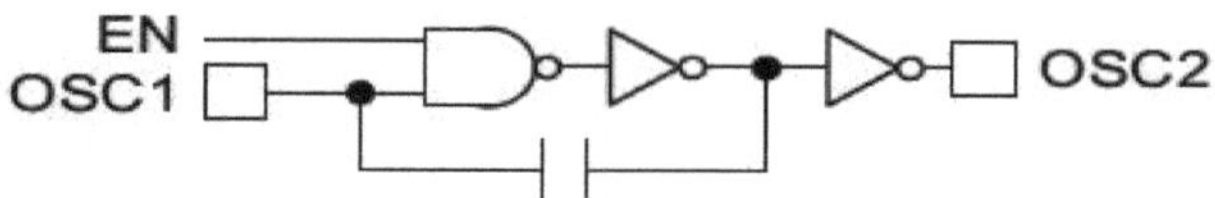

Figura 1.22: Oscilador do HT12D

–   A0 - A7 são os pinos de entrada de endereço. O estado destes pinos deve coincidir com o estado do pino de endereço no HT12E (utilizado no transmissor) para receber os dados. Estes pinos podem ser ligados a VSS ou deixados abertos.

–   DIN é o pino de entrada de dados em série e pode ser ligado à saída de um recetor de
RF.

–   D8 - D11 são os pinos de saída de dados. O estado destes pinos pode ser VSS ou
VDD, consoante os dados de série recebidos através do pino DIN.

–   VT significa Transmissão Válida. Este pino de saída será alto quando houver dados
válidos disponíveis nos pinos de saída de dados D8 - D11.

1.5.5 COMPARADOR LM 339

O LM339 é um IC comparador com quatro comparadores incorporados. Um comparador é
um circuito simples que

move sinais entre os mundos analógico e digital. Compara dois níveis de tensão de entrada e
fornece uma saída digital para indicar o maior. Os dois pinos de entrada são designados por
inversor (V-) e não inversor (V+). O pino de saída fica alto quando a tensão em V+ é maior
do que em V-, e vice-versa. Em aplicações comuns, um dos pinos é fornecido com uma tensão
de referência e o outro recebe a entrada analógica de um sensor ou de qualquer dispositivo
externo. Se o pino de inversão (V-) for definido como referência, então V+ deve exceder esta
referência para resultar numa saída elevada. Para a lógica invertida, a referência é definida no
pino V+

Figura 1.23: CI comparador

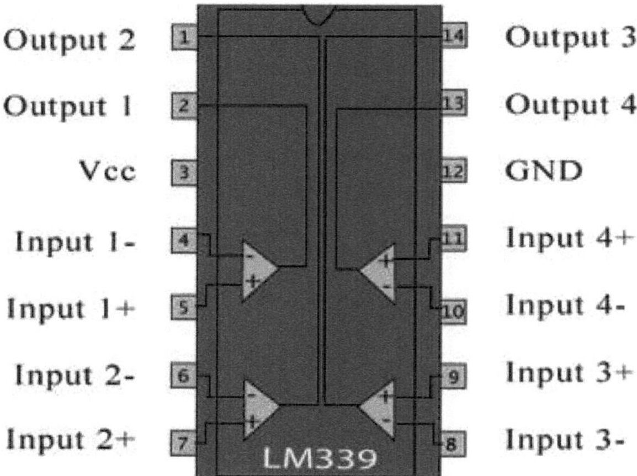

Figura 1.24: Configuração dos pinos do comparador

Tabela I: Descrição dos pinos do comparador

Número de pino	Função	Nome
1	Saída de 2nd comparador	Saída 2
2	Saída do 1º comparador	Saída 1
3	Tensão de alimentação; 5V (+36 ou ±18V)	Vcc
4	Entrada inversora de 1st comparador	Entrada 1-
5	Entrada não inversora de 1st comparador	Entrada 1+
6	Entrada inversora de 1st comparador	Entrada 2-
7	Entrada não inversora de 2nd comparador	Entrada 2+
8	Entrada inversora de 3rd comparador	Entrada 3-
9	Entrada não inversora do comparador 3rd	Entrada 3+
10	Entrada inversora de 4th comparador	Entrada 4-
11	Entrada não inversora do comparador 4th	Entrada 4+
12	Terra (0V)	Solo
13	Saída de 4th comparador	Saída 4
14	Saída de 3rd comparador	Saída 3

Algumas das suas caraterísticas incluem:

1. Ampla gama de tensões de alimentação simples ou dupla para todos os dispositivos: +2 a +36 V ou ±1 V a ±18V

2. Corrente de alimentação muito baixa (1,1 mA), independente da tensão de alimentação. 3. Baixa corrente de polarização de entrada: tipo 25 nA.

4. Corrente de desvio de entrada baixa: tipo ±5 nA

. 5. Baixa tensão de desvio de entrada: tipo ±1 mV.

6. A gama de tensões de modo comum de entrada inclui a terra.

7. Tensão de saturação de saída baixa: tipo 250 mV; (ISINK = 4 mA). 8. Gama de tensão de entrada diferencial igual à tensão de alimentação.

9. Saídas compatíveis com TTL, DTL, ECL, MOS e CMOS.

O circuito comparador funciona simplesmente pegando em duas entradas analógicas, comparando-as e produzindo a saída lógica alta 1 ou baixa 0. Ao aplicar o sinal analógico à entrada positiva do comparador, chamada não inversora, e à entrada negativa, chamada inversora, o circuito comparador irá comparar estes dois sinais analógicos, se a entrada analógica na entrada positiva for maior do que a entrada analógica na entrada negativa (inversora), então a saída irá oscilar para o 1 lógico e isto fará com que o transístor de coletor aberto Q8 no circuito equivalente do LM339 acima se ligue.

Quando a entrada analógica na entrada positiva (não inversora) é inferior à entrada analógica na entrada negativa
(inversora), então a s a í d a   d o   c o m p a r a d o r   irá o s c i l a r   para o 0 lógico (o transistor Q8 s e r á desligado). Além disso, neste tutorial, o termo não-inversor e inversor em vez de entrada positiva e entrada negativa na entrada analógica do comparador.

1.6 SENSORES

1.6.1 DETECTOR DE ÁLCOOL MQ6

Este é um sensor de gás de petróleo liquefeito (GPL) simples de utilizar, adequado para detetar concentrações de GPL (composto maioritariamente por propano e butano) no ar. O MQ-6 pode detetar concentrações de gás entre 200 e 10000ppm

Este sensor tem uma sensibilidade elevada e um tempo de resposta rápido. A saída do sensor é uma resistência analógica. O circuito de acionamento é muito simples; tudo o que precisa de fazer é alimentar a bobina de aquecimento com 5V, adicionar uma resistência de carga e ligar a saída a um ADC.

Este sensor é fornecido numa embalagem semelhante ao nosso sensor de álcool MQ-3,

Figura 1.25: MQ6

Sensor semicondutor MQ-6 para perfil de gás inflamável O material sensível do sensor de gás MQ-6 é SnO2, que tem uma condutividade mais baixa em ar limpo. Quando o gás inflamável alvo existe, a condutividade do sensor aumenta juntamente com o aumento da concentração do gás. Os utilizadores podem converter a alteração da condutividade em sinal de saída correspondente à concentração de gás através de um circuito simples. O sensor de gás MQ-6 pode detetar tipos de gases inflamáveis, especialmente tem alta sensibilidade ao GPL (propano). É um tipo de sensor de baixo custo para muitas aplicações. Caraterísticas Tem boa sensibilidade a gases inflamáveis (especialmente propano) numa vasta gama, e tem vantagens como longa vida útil, baixo custo e circuito de acionamento simples, etc. Principais aplicações É amplamente utilizado no alarme de fuga de gás doméstico, alarme de gás inflamável industrial e detetor de gás portátil

1.6.2 ACELERÓMETRO ADLX 345

O ADXL345 é um acelerómetro de 3 eixos, pequeno, fino e de potência ultra baixa, com alta resolução (13 bits)

s dados de saída digital são formatados como complemento de dois bits de 16 bits e são acessíveis através de uma interface digital SPI (3 ou 4 fios) ou I2C. O ADXL345 é adequado para aplicações em dispositivos móveis. Ele mede a aceleração estática da gravidade em aplicações de deteção de inclinação, bem como a aceleração dinâmica resultante de movimento ou choque. A sua elevada resolução (3,9 mg/LSB) permite a medição de alterações de inclinação inferiores a 1,0°. São fornecidas várias funções especiais de deteção. A deteção de atividade e inatividade detecta a presença ou ausência de movimento, comparando a aceleração em qualquer eixo com os limiares definidos pelo utilizador. A deteção de toque detecta toques simples e duplos em qualquer direção. A deteção de queda livre detecta se o dispositivo está a cair. Estas funções podem ser mapeadas individualmente para qualquer um dos dois pinos de saída de interrupção. Um sistema de gestão de memória integrado com um buffer FIFO (primeiro a entrar, primeiro a sair) de 32 níveis pode ser utilizado para armazenar dados para minimizar a atividade do processador anfitrião e reduzir o consumo global de energia do sistema. Os modos de baixo consumo permitem uma gestão inteligente da energia baseada no movimento com deteção de limiar e medição ativa da aceleração com uma dissipação de energia extremamente baixa. O ADXL345 é fornecido numa pequena e fina embalagem de plástico de 14 fios, com 3 mm × 5 mm × 1 mm.

Figura 1.26: Configuração dos pinos do ADLX345

Os sensores de inércia são utilizados para detetar o movimento linear e rotacional de um objeto. Existem dois tipos de sensores de inércia: os acelerómetros, que detectam a aceleração linear, e os giroscópios, que detectam o movimento de rotação. Os acelerómetros e os giroscópios são amplamente utilizados em várias aplicações, incluindo aeroespacial, militar, automóvel, telemóveis e eletrónica de consumo. Por exemplo, nos telemóveis, os sensores de giroscópio e acelerómetro são utilizados para rotação do ecrã, jogos, realidade virtual e aplicações de realidade aumentada. Nos automóveis, o acelerómetro e o giroscópio são utilizados para detetar a capotagem do veículo, o controlo da libertação dos airbags, o ABS, a suspensão ativa, o controlo da tração e o controlo dos cintos de segurança. Muitas aplicações militares, como munições inteligentes, controlo de voo, etc., também utilizam estes sensores. Nas aplicações aeroespaciais, estes sensores são utilizados para medir a microgravidade e monitorizar o movimento e a rotação de equipamentos/dispositivos.

Cada aplicação requer um acelerómetro ou giroscópio com especificações específicas. Nenhum sensor de acelerómetro ou giroscópio pode servir para todas as aplicações. Estes sensores são sempre utilizados em alguns sistemas de controlo eletrónico, uma vez que os simples valores de aceleração e rotação de um objeto não têm qualquer utilidade.

O ADXL345 é um pequeno acelerómetro de 3 eixos com uma gama dinâmica de +/-16g com uma resolução de 13 bits, uma largura de banda máxima de 3200Hz e uma taxa de transferência de dados máxima de 3200 vezes por segundo. É um sensor de acelerómetro digital e produz valores d i g i t a i s de aceleração em três eixos. O sensor emite dados formatados como complemento de dois bits de 16 bits que são acessíveis através de interfaces SPI ou I2C. Este sensor é de ultra-baixa potência e consome apenas 23 uA em modo de medição e 0,1 uA em modo de espera.

O ADXL345 tem resolução selecionável pelo utilizador e gamas de medição que podem ser selecionadas passando
comandos de série para ele. O sensor também suporta modos de interrupção flexíveis que podem ser mapeados para qualquer um dos seus dois pinos de interrupção. O ADXL345 tem várias funções de deteção incorporadas que podem ser mapeadas para os pinos de interrupção. Por exemplo, tem funções de deteção de queda livre e de deteção de toque. O ADXL345 pode detetar a presença ou ausência de movimento comparando os valores de aceleração com os limiares definidos pelo utilizador. O ADXL345 mede a aceleração estática devido à gravidade, bem como a aceleração dinâmica resultante de movimento ou choque. Os

sensores são fornecidos num encapsulamento LGA de 14 fios com dimensões de apenas 3 mm x 5 mm x 1 mm. Este sensor pode ser utilizado em aplicações de dispositivos móveis como telemóveis, smartphones, dispositivos de jogos, dispositivos apontadores, dispositivos de navegação pessoal, proteção de discos rígidos, instrumentação médica e industrial.

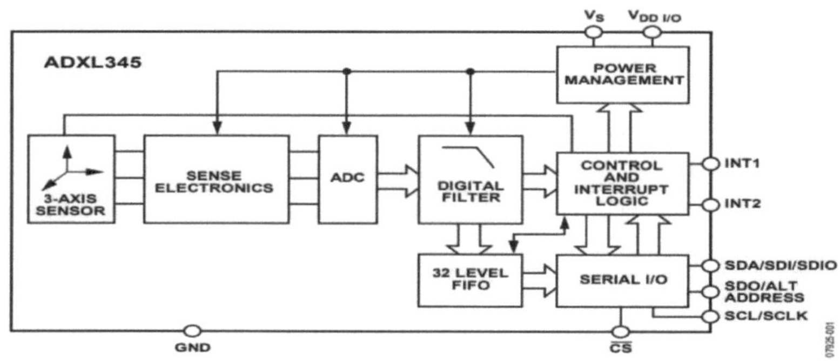

Diagrama de blocos do ADLX345

CAPÍTULO 2
PESQUISA BIBLIOGRÁFICA

2.1 SISTEMA ACTUAL

Existem vários sistemas através dos quais o SMART HELMET foi desenvolvido. Existem numerosos modelos de capacete inteligente que estão disponíveis no mercado. A tecnologia utilizada neste capacete inteligente é desenvolvida pelo seguinte sistema existente -

1. Bafómetro
2. Monitorizar os g's da montanha-russa
3. Utilização do sensor magnético em telemóveis e relógios inteligentes

2.1.1 BAFÓMETRO

O bafómetro é um aparelho utilizado para detetar o teor de álcool no hálito do condutor. Este aparelho

é utilizado pela polícia para fins de patrulhamento. O capacete inteligente terá o sensor de álcool incorporado. O circuito do sensor do bafómetro é o seguinte

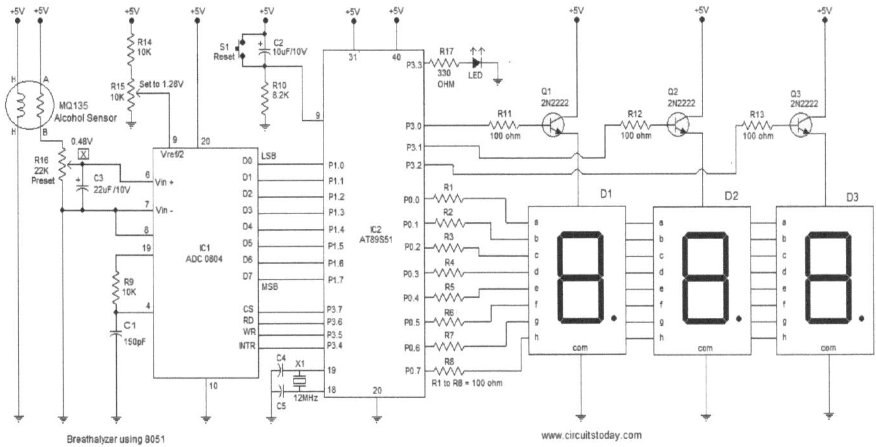

Figura 2.1 Circuito do bafómetro

2.1.2 SEGUIR OS G'S

Este sistema é utilizado nas montanhas russas para detetar e analisar o movimento e traçar um gráfico. Utilizando este sistema, o capacete inteligente terá um detetor de movimento que detectará o acidente ou a queda do ciclista e impedirá que a bicicleta se arraste mais.

2.1.3 SENSOR MAGNÉTICO EM TELEMÓVEIS E RELÓGIOS INTELIGENTES

O sensor magnético é utilizado em várias aplicações e uma das utilizações diárias dos sensores magnéticos é em

os telemóveis inteligentes e os relógios. O sensor magnético ajuda a detetar a orientação do telemóvel e o mesmo acontece com os relógios.

2.2SISTEMA PROPOSTO

O capacete inteligente é um conceito que ajudará as pessoas durante os acidentes e por causa dos acidentes. O capacete inteligente é desenvolvido com base em diferentes conceitos e tecnologias. O objetivo é desenvolver um capacete inteligente de baixo custo e com várias funcionalidades incorporadas. O sistema será constituído pelas seguintes caraterísticas

1. Detetor de álcool 2. Detetor de movimentos
3. Controlo da ignição da bicicleta.

Princípio de funcionamento: -

O capacete inteligente começa a funcionar a partir do momento em que é usado, usar um capacete mas sem o bloquear é

de nenhuma utilidade no momento do acidente, pelo que é obrigatório que o condutor bloqueie primeiro o capacete e depois inicie a viagem e, para cumprir esse requisito, utilizaremos um sensor magnético que estará no clipe e que só permitirá que a bicicleta arranque se o clipe estiver bloqueado.

O outro grande fator de acidentes é a bebida e a condução, pelo que, para eliminar essa parte, iremos fornecer um sensor de álcool no capacete que detectará o hálito e depois transmitirá um sinal para a parte recetora da bicicleta para parar o motor. Isto ajudará a reduzir os acidentes em grande medida.

As técnicas acima referidas foram utilizadas para impedir o condutor de conduzir sem precauções, mas é

obrigatório também para fornecer algumas técnicas de segurança quando o condutor estiver a conduzir a bicicleta. Em caso de acidente, a bicicleta é arrastada devido à velocidade com que o condutor também fica gravemente ferido, pelo que, para evitar essa parte, o capacete inteligente terá um acelerómetro que detectará a queda do condutor e enviará um sinal ao circuito da bicicleta para parar imediatamente o veículo, de modo a reduzir a velocidade e a bicicleta parar no local sem mais arrastamento.

CAPÍTULO 3
ANÁLISE E CONCEPÇÃO DE SISTEMAS

3.1 CAPACETE INTELIGENTE

1. Deteção de álcool 2. Deteção de movimentos

3. Sensor do magneto no clipe

Estes 3 sistemas são implementados no capacete para o tornar mais viável para o ciclista.

3.1.1 DETECÇÃO DE ÁLCOOL

O sensor de álcool é utilizado para detetar o hálito do motociclista e, com base nisso, a moto será autorizada a circular

para começar. Esta medida ajudará a evitar os acidentes provocados pelo álcool. O sensor de álcool está ligado ao capacete, enquanto o sensor está ligado ao comparador que, por sua vez, está ligado ao codificador. Este codificador codifica a entrada e os dados para o módulo RF sob a forma de bits, que são transferidos para o circuito da bicicleta e para a antena

3.1.2 DETECÇÃO DE MOVIMENTOS

A deteção de movimento é implementada pelo acelerómetro que está fixado na parte superior do capacete e o funcionamento do sensor é feito através das coordenadas no plano X e Y. Se o motociclista estiver prestes a cair, as coordenadas predefinidas são obtidas e, uma vez obtidas, o sensor envia os dados para o codificador e o mesmo processo é repetido como na deteção de álcool, parando em seguida e emitindo um sinal de alerta. Se o motociclista estiver prestes a cair, as coordenadas predefinidas são a t i n g i d a s e, uma vez obtidas, o sensor envia os dados para o codificador e o mesmo processo é repetido como na deteção de álcool, parando em seguida e emitindo um alarme.

3.1.3 SENSOR DO MAGNETO NO CLIPE

O sensor do magneto está fixado no clipe, de modo que, até o clipe estar corretamente bloqueado, a bicicleta não será

iniciado. Isto é conseguido através do mesmo processo efectuado nas duas técnicas anteriores.

O diagrama do circuito da bicicleta e do capacete com o sensor acima é o seguinte

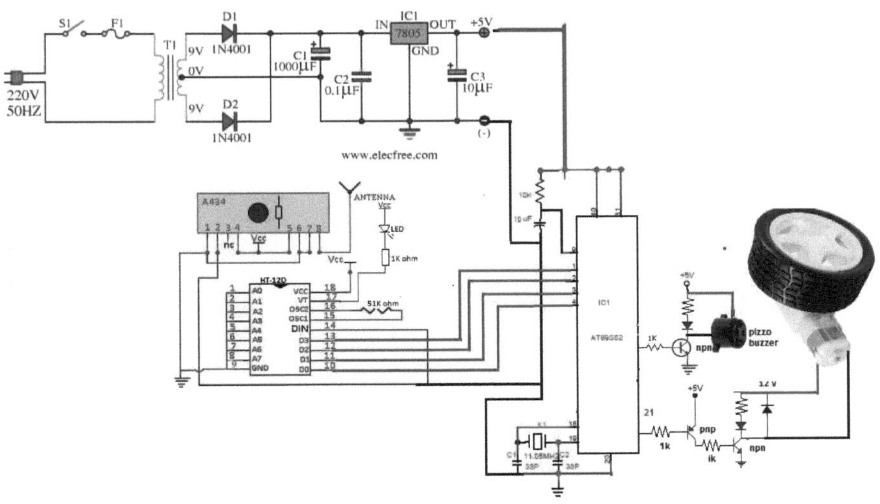

Figura 1.28 Diagrama de blocos do circuito da bicicleta

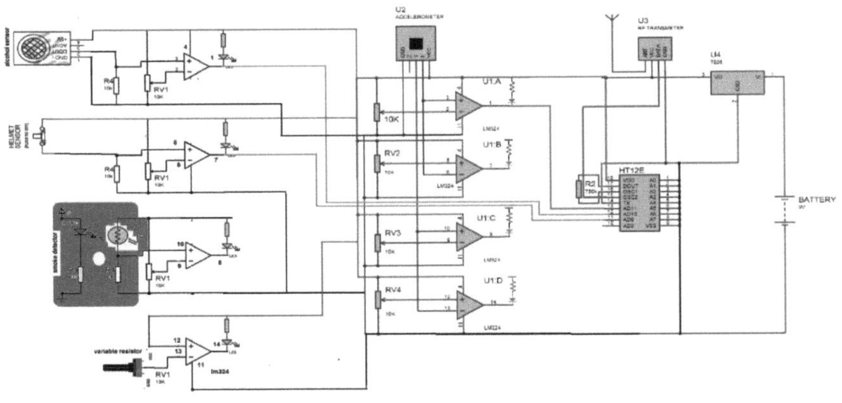

Figura: 1.29 Diagrama de blocos do circuito do capacete

CAPÍTULO 4
APLICAÇÕES

Os capacetes inteligentes são peças inovadoras de tecnologia vestível que integram vários sensores,

sistemas de comunicação e capacidades informáticas para aumentar a segurança, a comunicação e a comodidade dos utilizadores, em especial em actividades como o ciclismo, o motociclismo, os trabalhos de construção e o desporto. Eis uma panorâmica pormenorizada das aplicações dos capacetes inteligentes:

i. Ciclismo:

– Segurança: Os capacetes inteligentes para ciclistas incluem frequentemente caraterísticas como luzes LED incorporadas para visibilidade, indicadores de mudança de direção e luzes de travagem para aumentar a segurança, especialmente em condições de pouca luz.

– Conectividade: Alguns capacetes inteligentes estão equipados com conetividade Bluetooth para emparelhar com smartphones, permitindo funcionalidades como chamadas em modo mãos-livres, reprodução de música e navegação GPS.

– Monitorização da saúde: Os capacetes inteligentes avançados podem integrar sensores para monitorizar sinais vitais como o ritmo cardíaco, a temperatura e até a força de impacto em caso de acidente, fornecendo dados valiosos para o acompanhamento da saúde e a resposta a emergências.

ii. Motociclismo:

– Segurança: Os motociclistas podem beneficiar de caraterísticas como câmaras retrovisoras incorporadas ou ecrãs de alerta (HUD) que fornecem informações em tempo real sem desviar a atenção do condutor da estrada.

– Comunicação: Os capacetes inteligentes com Bluetooth permitem aos condutores fazer chamadas, ouvir música e comunicar com outros condutores através de sistemas de intercomunicação, aumentando a comodidade e a segurança durante as viagens de grupo.

– Navegação: Os sistemas de GPS integrados nos capacetes inteligentes fornecem direcções passo a passo, permitindo aos condutores navegar por rotas desconhecidas sem necessidade de consultar dispositivos externos.

– Trabalhos de construção e industriais:

– Segurança: Os capacetes inteligentes concebidos para trabalhadores da construção civil incluem frequentemente sensores incorporados para detetar condições perigosas, como níveis elevados de monóxido de carbono ou temperaturas inseguras, alertando os trabalhadores e os supervisores para potenciais perigos.

– Comunicação: Em ambientes de trabalho ruidosos, os capacetes inteligentes podem incorporar microfones e auriculares com cancelamento de ruído para facilitar uma comunicação clara entre os trabalhadores, melhorando a coordenação e a segurança nos estaleiros de construção.

– Realidade aumentada (RA): Alguns capacetes inteligentes avançados utilizam a tecnologia AR para sobrepor informações digitais, como esquemas ou instruções de segurança, no campo de visão do utilizador, aumentando a eficiência e a precisão em tarefas complexas.

### iii.	Desporto:

– Monitorização do desempenho: Os capacetes inteligentes para atletas, como os utilizados no ciclismo ou no esqui, incluem frequentemente sensores para monitorizar métricas de desempenho como a velocidade, a aceleração e a altitude, fornecendo dados valiosos para a otimização do treino e do desempenho.

– Segurança: Em desportos de alto impacto, como o futebol ou o esqui, os capacetes inteligentes podem incorporar sensores de impacto e acelerómetros para detetar potenciais concussões ou lesões na cabeça, alertando os treinadores e o pessoal médico para tomarem as medidas adequadas.

– Captura de vídeo: Alguns capacetes inteligentes vêm equipados com câmaras incorporadas para captar imagens de actividades desportivas na primeira pessoa, permitindo aos atletas rever e analisar o seu desempenho ou partilhar os destaques com outros.

### iv.	Militares e agentes da autoridade:

– Comunicação táctica: Os capacetes inteligentes concebidos para aplicações militares e policiais podem incluir sistemas de comunicação encriptados, permitindo ao pessoal trocar informações de forma segura e coordenar operações no terreno.

– Integração de sensores: Os capacetes inteligentes de nível militar integram muitas vezes sensores para perceção situacional, incluindo capacidades de visão nocturna, imagens térmicas e monitorização ambiental para melhorar a eficácia e segurança operacionais.

– Visores de cabeça (HUDs): Os capacetes equipados com HUD fornecem informações essenciais, como dados de navegação, sistemas de mira de armas e objectivos de missão, diretamente na linha de visão do utilizador, melhorando a consciência situacional e os tempos de resposta em cenários de combate.

–   Em geral, os capacetes inteligentes oferecem uma vasta gama de aplicações em várias indústrias, proporcionando aos utilizadores uma maior segurança, capacidades de comunicação e monitorização do desempenho em diversos ambientes.

i.   Pode ser utilizado num sistema de segurança em tempo real. Podemos implementar o circuito num pequeno módulo mais tarde.

ii. Sistema de segurança com menor consumo de energia.

iii.   Esta tecnologia de segurança pode mais tarde ser implementada em veículos de quatro rodas utilizando o cinto de segurança em vez do capacete

iv) Evitar simplesmente a condução em estado de embriaguez através da utilização de um detetor de álcool. Reduzirá a probabilidade de acidente.

v.Facilitar a condução em caso de nevoeiro.

vi.   Pode também evitar o roubo de veículos de duas rodas. vii.Reduz os acidentes rodoviários.

viii.A tecnologia é também eficiente em termos de custos.

CAPÍTULO 5
CONCLUSÃO

Concebemos com êxito um capacete capaz de atingir todos os objectivos que pretendíamos.

Este capacete funciona como uma polícia de trânsito virtual que vigia continuamente a sua condução. Ao implementar o sistema, é possível efetuar uma viagem segura em duas rodas, o que diminui os ferimentos e os acidentes.

Atualmente, a maioria dos casos de acidentes ocorre em veículos de duas rodas. Este projeto desenvolve um sistema de capacete eletrónico inteligente que verifica eficazmente o uso do capacete, o excesso de velocidade, a condução em estado de embriaguez e a baixa visibilidade. O sistema pode detetar facilmente se um condutor consome álcool ou não e desliga automaticamente o motor da bicicleta se isso acontecer. Contém igualmente uma função de segurança que impede o arranque da bicicleta enquanto o condutor não usar capacete e evita o roubo da bicicleta. Também inclui um detetor de velocidade que detecta a velocidade do motociclista em caso de excesso de velocidade. Com a ajuda deste capacete, torna-se fácil conduzir com pouca luz ou em caso de nevoeiro, uma vez que contém o detetor de nevoeiro que liga permanentemente o LED que se encontra atrás do capacete. Também possui uma caraterística de segurança importante que desliga automaticamente o motor em caso de acidente e sempre que a mota cai.

REFERÊNCIAS

1. Haran P C e Suriyanarayani R (2012) "Embedded System Based Automobile Accident Prevention", Proc. of the Intl. Conf. on Advances in Computer Science and Electronics Engineering.

2. Mohamad M H, Mohd Amin Bin Hasanuddin e MohdHazzie Bin Ramli (2013), "Sistema de Prevenção de Acidentes com Veículos Incorporado com Detetor de Álcool", Revista Internacional de Revisão em Engenharia Eletrónica e de Comunicações (IJRECE), Vol. 1.

3. Ramya V, Palaniappan B e Karthick K (2012), "Embedded Controller for Vehicle in-Front Obstacle Detection and Cabin Safety Alert System", International Journal of Computer Science and Information Technology (IJCSIT).

4. Artigo de investigação "Drunken Drive Protection System" Jornal Internacional de Investigação Científica e de Engenharia Volume 2, Número 12, dezembro-2011 1.

5. J.Vijay, B.Sarith, B.Priyadarshini, S.Deepeka, "Drunken Drive Protection System", International Journal of Scientific & Engineering Research Volume 2, Issue 12, December-2011 1 ISSN 2229-5518.

6. MohdKhairulAfiqMohdRasli, Nina KorlinaMadzhi, Juliana Johari," Smart Helmet with Sensors for Accident Prevention", Faculdade de Engenharia Eletrotécnica da Universidade Tecnológica MARA40450 Shah Alam Selangor.

7. Liu, Y., Gao, L., & Chen, Y. (2020). Desenvolvimento de um Capacete Inteligente para Trabalhadores de Minas Subterrâneas: Monitorização em tempo real de parâmetros fisiológicos. Sensors, 20(14), 3896. DOI: 10.3390/s20143896

8. Al Zayer, A., Al-Dubai, A., & Hussain, A. (2021). Projeto e implementação de um sistema de capacete inteligente para segurança no trânsito: Uma revisão. IEEE Access, 9, 115650-115661. DOI: 10.1109/ACCESS.2021.3103352

9. Zohra, M., Aboagye, S., & Uddin, M. (2020). Capacete inteligente: Um sistema de segurança baseado em IOT para motociclistas. Em 2020 IEEE 21ª Conferência Internacional sobre Reutilização e Integração de Informações para Ciência de Dados (IRI) (pp. 90-97). IEEE. DOI: 10.1109/IRI49571.2020.00023

10. Putra, M. E. R., & Pratama, A. A. (2021). Projeto e implementação de capacete inteligente usando Internet das Coisas para aplicação de segurança em mineração. Em 2021

Conferência Internacional sobre Tecnologia Verde Inteligente em Sistemas Elétricos e de Informação (ICSGTEIS) (pp. 1-6). IEEE. DOI: 10.1109/ICSGTEIS54313.2021.9613296

11. Deng, M., Zhu, S., & He, T. (2020). Capacete inteligente baseado em IoT e aprendizado profundo para proteção de segurança de bicicletas elétricas. IEEE Access, 8, 196153-196161. DOI: 10.1109/ACCESS.2020.3036062

12. Li, Z., Li, X., Li, L., Liu, W., & Du, R. (2019). Design de capacete inteligente com deteção e rastreamento de obstáculos em tempo real para pessoas com deficiência visual. IEEE Access, 7, 144447-144458. DOI: 10.1109/ACCESS.2019.2941588

13. Hossain, M. S., Rahman, M. A., & Islam, M. R. (2020). Capacete inteligente para segurança rodoviária usando Internet das Coisas (IoT). Em 2020, 8ª Conferência Internacional sobre Computação e Comunicações Inteligentes (ICSCC) (pp. 1-6). IEEE. DOI: 10.1109/ICSCC49442.2020.9268272

APÊNDICE

```
org 00h

principal: jnb p2.0,s1

jnb p2.1,s2

jnb p2.2,s3

sjmp principal

 s1: mov p2,#11011110b

aqui: jnb p1.0,aqui

mov p2,#11101110b

jmp principal

    s2: mov p2,#11111101b

  // acall delay1

 aqui1: jnb p1.1,aqui1

mov p2,#11111101b

jmp principal

 s3: mov p2,#11111111b


aqui2: jnb p1.1,aqui2

mov p2,#11111111b

jmp principal

//delay1:

mov r5,#10

  back2: mov r6,#10

  novamente2: mo r7,#200

  de novo1: djnz r7,de novo1

djnz r6,again2

djnz r5,back2

ret

fim
```

Printed by Books on Demand GmbH, Norderstedt / Germany